Bibliografische Information der Deutschen Nationalbibliothek:

Die Deutsche Bibliothek verzeichnet diese Publikation in der Deutschen National-
bibliografie; detaillierte bibliografische Daten sind im Internet über http://dnb.d-
nb.de/ abrufbar.

Impressum:

Copyright © 2010 GRIN Verlag, Open Publishing GmbH
Druck und Bindung: Books on Demand GmbH, Norderstedt Germany
ISBN: 978-3-668-12296-3

Dieses Buch bei GRIN:

http://www.grin.com/de/e-book/204078/strom-aus-der-wueste-die-entwicklung-
neuer-solar-grossprojekte

Sebastian Bartsch

Strom aus der Wüste. Die Entwicklung neuer Solar-Großprojekte

GRIN Verlag

Universität Passau

Lehrstuhl für Anthropogeographie

Hauptseminar Geopolitik und Energiewirtschaft

Wintersemester 2010/2011

Strom aus der Wüste.

Die Entwicklung neuer Solar-Großprojekte

Verfasser: BARTSCH, Sebastian

Master of Arts in International Cultural and Business Studies / Kulturwirtschaft

Fachsemester: 02

Modulgruppe B: Schwerpunktmodul Kulturraumstudien

HS/WÜF Geographie

Inhaltsverzeichnis

Abkürzungsverzeichnis

AQUA-CSP – Concentrating Solar Power for Seawater Desalination

BMU – Bundesministerium für Umwelt, Naturschutz und Reaktorsicherheit

CSP – Concentrated Solar Power

Dii – Desertec Industrieinitiative GmbH

DLR – Deutsches Zentrum für Luft- und Raumfahrt

EEG – Erneuerbare-Energien-Gesetz

EGKS – Europäische Gemeinschaft für Kohle und Stahl

GW – Gigawatt

HGÜ – Hochspannungs-Gleichstrom-Übertragung

MED-CSP – Concentrating Solar Power for the Mediterranean Region

MENA – Middle East North Africa

PV – Photovoltaik

TRANS-CSP – Trans-Mediterranean Interconnection for Concentrating Solar Power

TREC – Trans-Mediterranean Renewable Energy Cooperation

1. Einleitung

Wirtschaftliche Dynamik in aufstrebenden Märkten, steigender Wohlstand sowie eine weltweit rasant anschwellende Bevölkerungszahl bringen die Erde bereits heute an die Grenzen ihrer Belastbarkeit. Die Annahme, dass sich diese Entwicklung bis auf weiteres ungebremst fortsetzen wird, lässt nachhaltige Versorgungsansätze daher immer dringlicher erscheinen; denn schon im Jahre 2050 werden drei Erden nötig sein, um die Bedürfnisse aller Menschen zu befriedigen (DESERTEC Foundation, 2010). Gerade im Bereich der Energieversorgung, welche massiv auf fossilen, sich nicht erneuernden Energieträgern basiert, ist ein Paradigmenwechsel daher unausweichlich. In dieser Arbeit wird das DESERTEC Konzept als exemplarisches Beispiel für den angestrebten Wandel in der Energieversorgung angeführt werden. Obwohl DESERTEC auf dem Feld der Solarthermie keine Pionierrolle einnimmt, ist das schiere Volumen des Vorhabens als einmalig zu betrachten.

Die DESERTEC Stiftung hat sich zum Ziel gesetzt, das enorme energetische Potenzial der Sonne als zukünftige Energiequelle nutzbar zu machen, um so die EU-MENA Region mit nachhaltig produziertem Strom zu versorgen. Mit Hilfe der Expertise starker Partner aus der Industrie- und Finanzwelt will die Stiftung an den Erfolg bisheriger Pilotprojekte in den USA und Spanien anknüpfen. So bezweckt das gesamte Vorhaben letztendlich die Errichtung einer Vielzahl von solarthermischen Kraftwerken, sowohl in der nordafrikanischen Sahara als auch auf der arabischen Halbinsel, welche bis 2050 rund 15% des europäischen Strombedarfs decken sollen (DLR, 2010). Das DESERTEC Konzept als Ganzes beruht allerdings nicht ausschließlich auf der Energiegewinnung durch solarthermische Anlagen, sondern es beinhaltet, im Zuge eines transkontinentalen Verbundnetzes, ultimativ auch die Kombination mit anderen regenerativen Energieträgern. Diese, primär in Europa platzierten Anlagen, werden hier jedoch nicht thematisiert, da der Fokus dieser Arbeit auf der solarthermischen Elektrizitätserzeugung in den Wüsten liegt.

Die Idee erscheint durchaus bestechend: Um den gegenwärtigen globalen Energiebedarf zu decken, reicht es aus, mehrere Promille der vorhandenen Wüstenflächen mit solarthermischen Kraftwerken zu bestücken (DESERTEC Foundation, 2010). Bei genauerem Hinsehen wird jedoch die Komplexität des gesamten Sachverhalts deutlich. Denn obwohl bereits mehrere Anlagen, wenngleich kleineren Ausmaßes, weltweit in Betrieb sind, existieren durchaus noch technische Hürden die es bei Projekten dieser Art zu überwinden gilt. Auch die von Kritikern propagierte Thematik der Versorgungssicherheit sowie einer potenziellen politischen Abhängigkeit stellt einen nicht zu verachtenden Unsicherheitsfaktor bei der Implementierung dar. Andererseits werden folgend auch die vielfältigen Chancen und Perspektiven skizziert, welche die Vision vom Wüstenstrom bietet.

In dieser Arbeit wird daher versucht, dem Leser ein eigenes Urteil hinsichtlich der Kompatibilität von DESERTEC gegenüber dem Zieldreieck der Nachhaltigkeit, Versorgungssicherheit sowie Wettbewerbsfähigkeit von solaren Großprojekten in der Wüste abzuverlangen. Die Arbeit ist wie folgt aufgebaut: Kapitel zwei gibt eine Übersicht über die erforderlichen Ausgangsbedingungen für solarthermische Kraftwerke in der Wüste, mit dem Ziel, dem Leser theoretische Grundlagen bezüglich der Standortwahl, des technischen Aufbaus, sowie der notwendigen politischen und finanziellen Rahmenbedingungen zu vermitteln. Das dritte Kapitel beschäftigt sich mit den Herausforderungen im Zuge der Realisierung solcher Vorhaben, gibt aber auch einen Ausblick auf mögliche Chancen und Perspektiven die mit solaren Großprojekten einhergehen. In Kapitel vier wird das DESERTEC Projekt exemplarisch vorgestellt und analysiert. Abschließend erfolgt in Kapitel fünf eine kritische Bewertung von DESERTEC, in welcher versucht wird die energiepolitische Sinnhaftigkeit des Konzepts grob zu modellieren, sowie Auswirkungen auf bestehende europäische Strukturen zu beschreiben.

2. Ausgangsbedingungen für solarthermische Großprojekte in der Wüste

2.1   Standort Wüste

In folgendem Abschnitt soll geklärt werden, warum der Standort Wüste für den Betrieb solarthermischer Kraftwerke, sowohl aus klimatischer als auch aus humangeographischer Perspektive nahezu konkurrenzlos erscheint.

Solarthermische Kraftwerke unterscheiden sich signifikant von den uns bekannten, in Deutschland weit verbreiteten, Photovoltaikanlagen. Während bei Letzteren der Lichteinfall mit Hilfe von Solarzellen direkt in elektrischen Strom umgewandelt wird, nutzen solarthermische Anlagen in der Regel die Wärme des Sonnenlichts um Dampf zu erzeugen und damit wiederum Turbinen anzutreiben, welche letztendlich elektrischen Strom produzieren (Müller, 2009, S. 81). Um einen effizienten Betrieb solarthermischer Kraftwerke zu gewährleisten, ist eine möglichst hohe sowie konstante Sonneneinstrahlung erforderlich; die Rentabilitätsgrenze bewegt sich hier bei rund 2000 kWh/m²/a und höher (Seitz, 2010, S. 41). Wie Abbildung 1 zeigt, wird dieser Wert in nur wenigen Gegenden Südeuropas erreicht, während hingegen in der nordafrikanischen Sahara und auf Teilen der arabischen Halbinsel die Grenzwerte vielerorts deutlich übertroffen werden. Dies wird vor allem durch die in den Wüsten allgemein relativ geringe atmosphärische Luftfeuchtigkeit begünstigt, teils aber auch durch die, im Vergleich zu Südeuropa, geringere geographische Distanz zum Äquator.

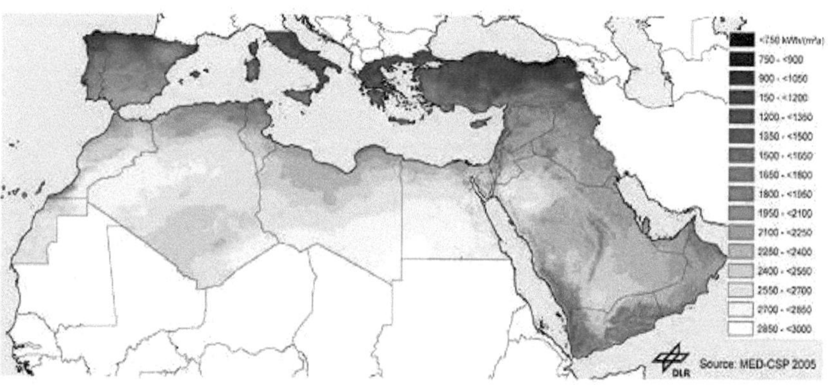

Abbildung 1: Direkte solare Einstrahlung im Mittelmeerraum (DLR, 2010)

Wie bereits erwähnt, stellen Wüsten aber auch aus humangeographischer Sicht einen idealen Standort für solarthermische Projekte dar: Die Tatsache, dass weite Landstriche der Wüsten weltweit unbewohnt sind, führt zu einem Mehrwert des Standorts Wüste gegenüber „herkömmlichen" Standorten Mittel- und Südeuropas. Die Problematik des in Europa teilweise schwerfälligen, beziehungsweise oft künstlich verlangsamten Ausbaus einer nachhaltigen Energieversorgungsinfrastruktur durch langwierige Planfeststellungsverfahren, sowie durch Widerstand verschiedenster Gruppierungen und Bürgerinitiativen, wird hier praktisch nicht von Bedeutung sein. Angesichts der Aktualität sollte darüber hinaus erwähnt worden sein, dass solarthermische Kraftwerke in der Wüste, trotz ihres immensen Flächenbedarfs, nicht mit bestehenden agrarwirtschaftlichen Anbauflächen oder allgemeiner Vegetation in Konkurrenz stehen werden; beide nehmen aufgrund der klimatischen Bedingungen in der Wüste nur eine untergeordnete Rolle ein.

2.2   Technischer Aufbau

Die technische Grundlage zur Erzeugung und Verteilung solarthermischen Stroms besteht aus zwei Komponenten: zum einen aus der Stromerzeugung, das heißt den Kraftwerken selbst, und zum anderen aus dem Leitungsnetz welches den Strom aus den Erzeugerländern in die jeweiligen Bedarfsländer überträgt und dort effizient verteilt. Solarthermische Kraftwerke funktionieren, vereinfacht gesagt, nach dem Prinzip eines Brennglases. Im Gegensatz zu herkömmlichen Photovoltaik-Modulen, in welchen Strom direkt durch den Einfall von Licht produziert wird, funktioniert die Solarthermie (CSP) nach dem Prinzip eines Dampfkraftwerkes, indem die Wärme der Sonne als primärer Energieträger genutzt wird. Parabolrinnenkollektoren bündeln hier die Sonnenstrahlen und erhitzen somit ein in einem Absorberrohr zirkulierendes Trägermedium. Als Trägermedium kommen meist Öle zum Einsatz, da diese für die vorherrschende Arbeitstemperatur von 200 ℃ – 500 ℃ am besten geeignet sind (Reibach & Partner Aktiengesellschaft, 2008). Diese wiederum erhitzen Wasser, um damit eine an einen Generator gekoppelte Dampfturbine anzutreiben. In Abbildung 2 wird der schematische Aufbau eines solchen Parabolrinnenkraftwerks dargestellt. Es sollte an dieser Stelle erwähnt werden, dass andere Techniken der CSP existieren, hier jedoch aufgrund mangelnder Relevanz für solarthermische Großprojekte nicht vorgestellt werden. Denn bisherige Erfolge wie in Spanien mit „Andasol" I, II und III sowie in der kalifornischen Wüste mit dem Kraftwerk „Kramer Junction" zeigen, dass die Parabolrinnentechnik die wirtschaftlich und technisch wohl beste Option für solarthermische Stromproduktion im großindustriellen Maßstab ist (Doenitz, 2009, und Hug, 2007).

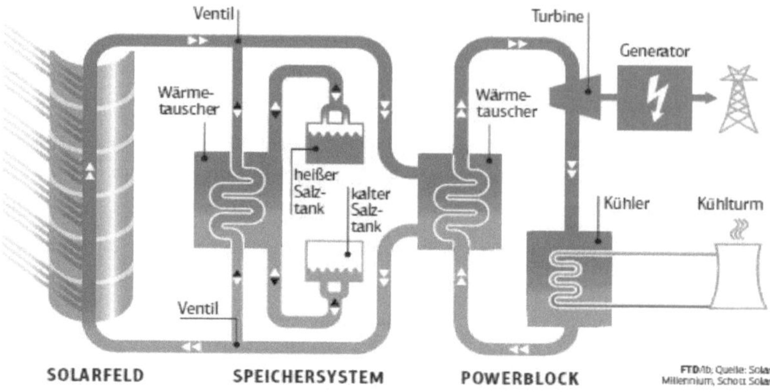

Abbildung 2: Schematische Darstellung eines Parabolrinnenkraftwerks (Werner, 2010)

Ein Hauptproblem bei regenerativen Energiequellen besteht in der ungleich- bzw. unregelmäßigen Netzeinspeisung. So produzieren Windkraftanlagen bei Windstille keinen Strom und auch Solarkraftwerke, ganz gleich ob thermisch oder auf Basis der Photovoltaik (PV), können nachts nicht zur Energieversorgung beitragen. Um diesem Problem bei solarthermischen Anlagen in gewisser Art und Weise Abhilfe zu verschaffen, kommen grundsätzlich zwei Möglichkeiten in Betracht: Die tagsüber überflüssig produzierte Energie kann einerseits in Form von Wärme in Salzspeichern zwischengespeichert werden um dann nachts zur Stromerzeugung genutzt zu werden (Zacharias, 2010, S. 28). Andererseits kann ein Bruchteil des tagsüber produzierten Stroms alternativ dazu genutzt werden, um beispielsweise Pumpspeicherkraftwerke in den Alpen oder Skandinavien zu betreiben, welche dann nachts zur Unterstützung der Grund- und Mittellastversorgung beitragen (Seiser, 2010). Letztere erscheint die momentan realistischere Alternative, da sich die technische Ausreifung von Wärmespeichern, für das hier benötigte Ausmaß, noch im Entwicklungsstadium befindet. Nichtsdestotrotz werden aber auch die bereits vorhandenen Speicherkapazitäten zukünftig massiv ausgebaut werden müssen, um Schwankungen innerhalb der Netze effektiv ausgleichen zu können.

Solare Großprojekte wie das geplante DESERTEC-Projekt werden fernab der energiehungrigen Verbrauchszentren entstehen. Daher stellt sich die Frage wie der in der Wüste produzierte Strom möglichst verlustfrei beispielsweise aus der MENA-Region nach Europa transportiert werden soll. Die kurzzeitig verfolgte Idee, den Solarstrom zur Produktion von energiereichem Wasserstoff einzusetzen um diesen dann nach Europa zu verschiffen, wäre theoretisch machbar, würde aber mit einen Energieverlust von rund 75% einhergehen (DLR, 2006, S. 3). Für den effektiven Transport des Stroms über große Distanzen (>3000 km) kommen daher im Grunde nur HGÜ-Leitungen in Frage. Diese sogenannten *Supergrids* zeichnen sich durch die Fähigkeit, Strom über weite Distanzen hinweg relativ verlustfrei[1] zu transportieren aus (Moglestue, 2009, S. 17). Sie werden zukünftig eine Schlüsselrolle in der auf regenerativen Energien ausgerichteten europäischen Energieversorgung einnehmen, da Transportkapazitäten faktisch erhöht werden, sowie schlussendlich die dringend benötigte Systemflexibilität gewährleistet werden kann (Hirschhausen, 2010, S. 4). Denn: Durch den fortschreitenden Ausbau der regenerativen Energien wird es immer öfter erforderlich sein, Strom effizient über weite Strecken hinweg zu den Verbrauchszentren zu führen, falls es dort, aufgrund den naturgegebenen Schwankungen in der Verfügbarkeit von erneuerbaren Energien, zu Angebotsengpässen kommen sollte. Die technische Realisierung eines für die Solarthermie unabdingbaren Supergrids sollte hierbei kein Problem darstellen, da die Technik bereits seit Jahrzehnten erprobt ist.[2] Jedoch muss erwähnt werden, dass nur ein massiver Ausbau dieser sogenannten „Stromautobahnen" die infrastrukturelle Basis für ein auf regenerativen Energien basierendes Energiekonzept legen kann (Wragge, 2010).

2.3 Möglichkeiten der Finanzierung und notwendige politische Rahmenbedingungen

Da die technische Umsetzung solar Großprojekte vergleichsweise problemlos möglich sein sollte, wird die Hauptschwierigkeit bei der Finanzierung sowie der Erschaffung adäquater politischer Rahmenbedingungen liegen. Gerade letzteren kommt hier eine Schlüsselrolle zu, da dringend benötigte Innovationsanreize – respektive Investitionen – nur dann gegeben sind, wenn die jeweiligen nationalen beziehungsweise supranationalen Gesetzgeber Planungs- sowie Rechtsicherheit garantieren können (Thomé-Kozmiensky, 2009, S. 39). Um dies zu erfüllen, muss primär natürlich der politische Wille zur Energiewende vorhanden sein, welcher ultimativ aber auch mit sehr hohen Kosten für die Staaten in Form von Abnahmegarantien, Subventionen oder anderen Anreizstrukturen verbunden sein wird. Erschwerend kommt bei solchen Projekten oft noch hinzu, dass, wie am Beispiel von DESERTEC, ein supranationaler Staatenverbund sowohl intern für eine gemeinsame poli-

---

[1] „...betragen die Übertragungsverluste drei bis vier Prozent je tausend Kilometer." (Scholvin, 2009, S. 4)

[2] Vor allem zwischen Skandinavien und Mitteleuropa sowie in China gibt es ein Vielzahl an HGÜ-Leitungssystemen (Le Monde diplomatique, 2009).

tische Basis sorgen muss, als auch zeitgleich in Verhandlungen mit externen Partnern, in diesem Fall den MENA-Staaten, involviert ist. Derartig komplizierte Geflechte verzögern die Umsetzung solcher Projekte im Regelfall massiv, während in Ländern wie zum Beispiel China, Australien oder den U.S.A., welche über geeignete Standorte innerhalb ihrer Staatsgrenzen verfügen, der politische Weg um einiges einfacher erscheint.

Seitens der Politik kommen prinzipiell zwei Möglichkeiten in Betracht, um geeignete politische sowie auch finanzielle Rahmenbedingungen zu schaffen. Zum einen können der erforderliche Netzausbau[3] sowie der Kraftwerksneubau durch Maßnahmen wie eine direkte Investitionsförderung forciert und unterstützt werden. Die Finanzierung kann hier über das Versteigern von Emissionszertifikaten[4] oder durch unmittelbare Staatsausgaben erfolgen, welche auf Basis von Klimaschutzgesetzen gerechtfertigt werden könnten. Zum anderen besteht die Möglichkeit, langfristige staatliche Abnahmegarantien des Solarstroms zu beschließen, und / oder alternativ dazu Einspeiseregelungen sowohl in Standortländern als auch in den Abnehmerländern finanziell zu fördern. Feste Einspeisevergütungen für Solarstrom haben sich bislang vor allem in Spanien und Deutschland als höchst erfolgreich bewiesen (Bundesumweltministerium (BMU), 2005, S. 1). Diese garantieren bestimmte Abnahmepreise für Strom aus erneuerbaren Energiequellen. Gleichermaßen wären hier fiskalische Anreize denkbar, zum Beispiel in Form einer Befreiung von bestimmten emissionsgetriebenen Steuern und Abgaben. Langfristig jedoch sollten Subventionierungen jeglicher Art hinfällig werden, da solarthermischer erzeugter Strom im Zuge der Massenproduktion nach einer bestimmten Zeit zu auf dem Markt konkurrenzfähigen Preisen angeboten werden kann. Um indirekt nicht nur solare Großprojekte, sondern erneuerbare Energien im Allgemeinen zu fördern, müssen Subventionierungen von klimafeindlichen Energieträgern, insbesondere der Stein- und Braunkohle, überdacht oder vielmehr sukzessiv gekappt werden. Außerdem kann überlegt werden, ob die Stilllegung ineffizienter Kraftwerke finanziell honoriert wird falls der Leistungswegfall durch den Import von Solarstrom, in diesem Fall Wüstenstrom, kompensiert wird.

---

[3] Die Hauptaufgabe der Europäischen Union liegt zunächst in der Schaffung der dringend benötigten Netzinfrastruktur in Form von HGÜ-Leitungssystemen. Diese sind für den angestrebten 20-prozentigen Anteil erneuerbarer Energien an der Stromerzeugung in der EU bis 2020 unabdingbar (DIRECTIVE 2009/28/EC OF THE EUROPEAN PARLIAMENT AND OF THE COUNCIL, 2009).

[4] Eine sofortige, vollständige und konsequente Implementierung des Emissionsrechtehandels würde, aufgrund der erhöhten Nachfrage, zu Skaleneffekten bei der Produktion von Solarmodulen führen, wovon letztendlich auch solare Großprojekte in Form von geringeren Komponentenkosten profitieren würden

Die Finanzierung am Beispiel des in Planung stehenden DESERTEC-Projekts zeigt auf, welch enormes Investitionsvolumen hinter Vorhaben einer solchen Größenordnung steckt. Laut einer Schätzung des DLR werden allein für die Kraftwerke rund € 350 Mrd. benötigt, sowie weitere € 45 Mrd. für die erforderliche Netzinfrastruktur in Form von Überland- und Unterwasser-HGÜ-Leitungen (DLR, 2006, S. 4). Jedoch ist jetzt schon absehbar, dass Zinsbelastungen sowie inflationäre Entwicklungen aufgrund der jahrzehntelangen Bauzeit, die Kosten in die Höhe schnellen lassen werden; von zeitlichen Verzögerungen, und damit verbundenen Mehrkosten, aufgrund politischer Unstimmigkeiten zwischen der Vielzahl der in dem Projekt involvierten Länder und Partner einmal ganz abgesehen (Scheer, 2009, S. 2). Daher stellt sich zwangsläufig die Frage: Wer wird die notwendigen finanziellen Investitionen für ein solch gigantisches Projekt aufbringen? Klar ist, dass auf jeden Fall ein ökonomisches Interesse an der Gestaltung der zukünftigen Energieversorgung Europas vorhanden ist. Potenzielle Kostenträger lassen sich in zwei Gruppen aufteilen, werden aber höchstwahrscheinlich nur in Kombination untereinander eine Realisierung solcher Projekte möglich erschienen lassen: Zum einen politische Initiativen, welche in Form von supranationalen Verbänden in Erscheinung treten werden und die Finanzierung letztendlich von staatlicher Seite garantieren, oder darüber hinaus politische Maßnahmen, wie beispielsweise der bereits erwähnte Emissionsrechtehandel (EurAktiv.de, 2010). Als Beispiel für solche supranationalen Verbände dient die am 13. Juli 2008 in Paris gegründete Union für das Mittelmeer. Sie legt unter anderen die Umsetzung eines von den Mitgliedstaaten entworfenen Solarplans fest, welcher vorsieht Solarenergie aus Nordafrika nach Europa zu exportieren. Wie anfangs die 1951 gegründete EGKS (Europäische Gemeinschaft für Kohle und Stahl), hat sich auch die Union für das Mittelmeer zum Ziel gesetzt die Energiesicherheit aller Mitgliedstaaten zu gewährleisten. Fraglich ist aber auch hier die Relevanz für aktuelle Projekte, da sich die Union im Moment noch im Aufbau befindet (Zacharias, 2010, S. 36-37). Als zweite mögliche Kostenträger treten private Investoren in Erscheinung. Wie am Beispiel DESERTEC zu sehen ist, zeigen privatwirtschaftliche Unternehmen ein reges ökonomisches Interesse an der Umsetzung der Idee vom „Wüstenstrom". Von den zwölf Gründungsmitgliedern der DESERTEC Industrieinitiative (DII) sind fünf Unternehmen DAX gelistet, mit einer gemeinsamen Bilanzsumme von mehr als € 2 Billionen (Zacharias, 2010, S. 39). Das dringend benötigte Startkapital würde in großem Umfang zur Verfügung stehen und wahrscheinlich auch schneller disponibel sein als auf anderen Finanzierungswegen. Als letzte Möglichkeit kann eine Finanzierung durch den Kapitalmarkt in Betracht gezogen werden. Die Ausgabe von Aktien oder Anleihen, wovon letztere dem Aussteller eine feste Verzinsung garantieren, könnten helfen, die anfangs sehr hohen Kosten der Solarthermie zu tragen bis schließlich die Netzparität[5] des dort produzierten Stroms gegeben ist (Werner, 2010). Vorsicht ist aber auch hier geboten, da gerade bei Finanzierungen durch den Kapitalmarkt eine Kannibalisierung mit anderen Projekten gleicher Zielsetzung droht.

Es wird deutlich, dass die Realisierung solar Großprojekte in der Wüste allem voran vom politischen Willen abhängig ist. Die Politik ist in der Pflicht die Weichen für die Energiewende zu stellen, denn nur so können Investitionsanreize geschaffen und letztendlich solch enorme Vorhaben auch verwirklicht werden. Es wird außerdem klar, dass für ein Projekt dieser Magnitude alle möglichen Finanzierungsmöglichkeiten in Betracht gezogen werden müssen. Insbesondere Anreize für privatwirtschaftliche Initiativen sollten hier priorisiert werden, da es vor dem Hintergrund der finanziell prekären Lage vieler europäischer Staatshaushalte allgemein fraglich ist, ob Projekte wie DESERTEC überhaupt ausschließlich von staatlicher Seite her gestemmt werden können.

---

[5] Der Begriff „Netzparität" entstammt dem Fachjargon aus dem Bereich der erneuerbaren Energien. Aus Sicht der Produzenten ist Netzparität dann gegeben sobald der Preis für den Strom aus erneuerbaren Energien dem des konventionell erzeugten Stroms entspricht.

3. Politische, technische und wirtschaftliche Realisierbarkeit

Die anvisierte Realisierung solarer Großprojekte in der Wüste bietet eine Vielzahl an Chancen, stellt aber auch Herausforderungen dar, welche in folgendem Kapitel genauer beschrieben und analysiert werden sollen.

3.1   Herausforderungen

3.1.1   Technische Hürden

Insbesondere die technischen Schwierigkeiten solcher Megaprojekten in der Wüste werden von Kritikern immer wieder als Argument genutzt, um gegen den Bau solarthermischer Kraftwerke zu mobilisieren. Nichtsdestotrotz wird nicht ganz zu Unrecht Kritik geäußert: Oberflächlich wird behauptet, dass die Technik bereits problemlos verfügbar und erprobt sei, was prinzipiell auch stimmt. Bei genauerer Betrachtung stellen sich jedoch einige Parameter als beträchtliche Unsicherheitsfaktoren beziehungsweise Kostentreiber heraus.

▶ *Energiespeicherung und -verfügbarkeit*

Die Lage in der Wüste, hier am Beispiel des DESERTEC-Projects, ist aus klimatischer Sicht zweifelsohne mehr als ideal. In Abbildung 3 wird die durchschnittliche Sonnenscheindauer an unterschiedlichen Breitengraden bei Sonnenhöchststand (21. Juni) sowie wie für den niedrigsten Sonnenstand (21. Dezember) angegeben. Die verwendeten Breitengrade entsprechen in etwa der Ausdehnung des potenziellen Standorts, der Sahara; die Längengrade haben hierbei keine bedeutsame Auswirkung auf die Sonnenscheindauer.

	0 °E, 20 °N	0 °E, 23,5 °N	0 °E, 28 °N
Sonnenaufgang 21. Juni	6:21	6:14	6:04
Sonnenuntergang 21. Juni	19:42	19:49	19:59
Sonnenscheindauer 21. Juni	13:21	13:35	13:55
Sonnenaufgang 21. Dezember	7:30	7:37	7:47
Sonnenuntergang 21. Dezember	18:26	18:19	18:09
Sonnenscheindauer 21. Dezember	10:56	10:42	10:22

Abbildung 3: Sonnenscheindauer in der Sahara (Zacharias, 2010, S. 27)

Es wird deutlich, dass selbst im günstigsten Fall, d.h. bei maximaler Sonnenschein-dauer, mit einer Dunkelphase von rund zehn Stunden täglich zu rechnen ist. Elektrischer Strom kann in dieser Zeit nur indirekt produziert werden, nämlich durch Wärme welche in den in Kapitel 2.2 erwähnten Salzspeichern gespeichert ist. Obwohl diese Salzspeicher eine sehr hohe Effizienz aufweisen, zeigen bisherige Anlangen wie „Andasol" in Spanien, dass ein Volllastbetrieb nur für rund 7,5 Stunden gewährleistet werden kann (Schenke, 2010, S. 63). Die heute verfügbaren Speicher weisen einfach eine zu geringe Speicherka-pazität auf, da die Technik hierfür noch in der Entwicklung steckt. Eine Möglichkeit das Problem zu umgehen, wäre eine Kopplung der solarthermischen Kraftwerke mit fossilen Brennstoffen um einen durchgehenden Betrieb zu garantieren. Ein solches Solar-Hybridkraftwerk ist zurzeit in Algerien in Bau und soll bis Ende des Jahres 2010 ans Netz gehen (solarserver.de, 2010).

Ein effizienter, und somit wirtschaftlicher Betrieb solarthermischer Kraftwerke ist nur si-chergestellt, wenn ausreichend Wasser zur Kühlung der gesamten Anlage, insbesondere der Absorberrohre zur Verfügung steht. Dies stellt an den geplanten Standorten mitten in der Wüste ein Problem dar. Technisch wäre es jedoch durchaus möglich, geplante Kraft-werke mit Hilfe von Trockenluftkühlung auf einer vertretbaren Betriebstemperatur zu hal-ten. Diese Art von Kühlung ist aber einerseits sehr teuer und energieintensiv, und anderer-seits sinkt hierdurch die Effizienz der Kraftwerke um rund zehn bis 15 Prozent (Hobohm & Westphal, 2009, S. 6). Optional wäre eine Temperaturregelung mit fossilem Grundwasser aus der Wüste denkbar, wodurch das eigentliche Problem aber nur beiseite gestellt wird, da die Vorräte sehr begrenzt sind und sich auch nicht erneuern. Es kann auch in Betracht gezogen werden, Meerwasser für die erforderliche Kühlung zu verwenden. Gleichwohl überwiegen auch hier die Nachteile, da die Standortwahl auf küstennahe Ansiedlungen begrenzt wäre, und somit gegebenenfalls einen klimatisch eher geeigneten Standort zum Opfer fallen würde. Dies widerspricht auch der grundsätzlichen Idee solcher Projekte, die-se, aufgrund ihres enormen Platzbedarfs, in bevölkerungsarme Regionen zu legen. Zu gu-ter Letzt würde mit der Nutzung von Meerwasser als Kühlmittel, durch den hohen Salzge-halt, ein exponentiell gesteigerter Materialverschleiß einhergehen. Bei DESERTEC spielt jedoch gerade eine küstennahe Platzierung eine wesentliche Rolle, da die Kraftwerke unter anderem auch zur Meerwasserentsalzung verwendet sollen.

Bei dem Standort Wüste äußern sich berechtigte Zweifel ob die Materialhaltbarkeit gegenüber den dort vorherrschenden extremen Klimabedingungen gegeben ist. Sandstürme sowie eine ständige Staubbelastung der gesamten Technik begünstigen eine physikalische Verwitterung der Anlagen. Aber nicht nur der salzhaltige Staub, dessen Auswirkungen auf die Elektronik in diesem Ausmaß unbekannt sind, die extreme Temperaturdifferenz denen die Absorberrohre alltäglich ausgesetzt sind, sondern auch Phänomene wie Wanderdünen bedrohen die Funktionstüchtigkeit der Kraftwerke und damit letztendlich die Energieversorgung (Hollain, 2009). Befürworter halten dem entgegen, dass das solarthermische Kraftwerk „Kramer Junction" in der kalifornischen Mojave-Wüste bereits seit Mitte der 80-er Jahre diesbezüglich einwandfrei funktioniert (Deutsche Energie-Agentur GmbH (dena), 2010). Dem muss aber auch gegenübergestellt werden, dass die klimatischen Verhältnisse in der Mojave-Wüste mit denen in der Sahara nur annähernd vergleichbar sind. Letztendlich wird sich zeigen, inwiefern Umwelteinflüsse die Funktionstüchtigkeit solcher Kraftwerke beeinflussen werden. Es steht jedoch fest, dass ein nicht unerheblicher Aufwand betrieben werden muss um die notwendige Wartung und regelmäßige Pflege der Anlagen sicherzustellen.

Neben den bereits bezifferten Kosten für den Aufbau eines hochleistungsfähigen HGÜ-Leitungsnetzes, kommen gewisse Unsicherheiten bei Bau und Betrieb dieses Netzes hinzu. So stellen zum Beispiel bei DESERTEC die Seekabel, von denen je nach Leistungsfähigkeit circa 30 bis 100 benötigt werden, einen nicht unerheblichen Risikofaktor dar, da die Technik bis heute als störanfällig gilt (Allianz Global Corporate & Specialty, 2010). Das Mittelmeer ist nach wie vor eine aktive Erdbebenregion, und zudem eines der verkehrsreichsten Schifffahrtsgebiete der Welt. Ankerschäden an den Kabeln oder gar gerissene Kabel durch Erdstöße werden nur mit großem Arbeits- und Kostenaufwand zu beheben sein. Auch wenn sich die Verlustraten bei der Übertragung des Stroms in die Verbrauchszentren Mitteleuropas mit rund drei bis vier Prozent auf tausend Kilometer in Grenzen halten, ist doch zu beachten dass der Strom letztendlich über mehrere tausend Kilometer transportiert werden muss; dies bedeutet in der Summe einen nicht zu verachtenden Leistungsverlust. Darüber hinaus ist davon auszugehen, dass es beim Bau der HGÜ-Überlandleitungen innerhalb Europas zu massiven Verzögerungen durch Proteste von Anwohnern und Umweltschutzgruppierungen kommen wird. Die Inbetriebnahme des gesamten Projekts könnte sich dabei verzögern und mit gesteigerten Kosten einhergehen.

3.1.2 Politische Abhängigkeit und Versorgungssicherheit

Kritiker gehen davon aus, dass sich durch den in der Wüste produzierten Solarstrom die bisherigen Abhängigkeitsverhältnisse weiter verschärfen werden, beziehungsweise dass dieser (Solarstrom) gegenüber dem eigentlichen Ziel einer nachhaltigen Energieversorgung eher kontraproduktiv sein wird. Im Falle des DESERTEC-Projekts wird auch weiterhin Energie aus politisch hochbrisanten Gebieten bezogen werden. Befürworter der Technik argumentieren jedoch, dass auch bei den bisherigen Öl- und Gasimporten, vor allem aus der MENA-Region, eine hohe Vulnerabilität gegeben ist, und somit nicht von einem gesteigerten Risiko zu sprechen ist (Ziegeldorf, 2009). Das ist prinzipiell nicht falsch, aber es stellt sich dennoch die Frage, ob nicht mit einer nachhaltigen Energieversorgung gleichzeitig auch die ebenfalls antizipierte Versorgungssicherheit einhergehen muss. Denn die in besonderem Maße angespannte und nicht kalkulierbare politische Situation in einigen der MENA-Staaten birgt ein hohes Potenzial an Instabilität und gewissermaßen auch Erpressbarkeit, und hegt letztendlich Zweifel ob die (partielle) Energieabhängigkeit eines gesamten Kontinents auf diese Art und Weise erstrebenswert ist. Momentan importiert Deutschland 74,5 % seines Primärenergiebedarfs[6] aus dem Ausland, mit steigender Tendenz. Der Großteil davon kommt wiederum aus wenigen Ländern in politisch instabilen Regionen wie dem Mittleren / Nahen Osten oder Zentralasien (Agentur für Erneuerbare Energien, 2007). Grundsätzlich ist es daher sinnvoll, diesen Anteil wenn möglich zu reduzieren und vor allem zu diversifizieren, was bedeutet, das Lieferantenspektrum auszuweiten. Der seit 2005 schwelende, und immer wieder aufflammende Gasstreit Russlands mit der Ukraine ist ein exemplarisches Beispiel dafür, wie effektiv Energie bei einseitigen Abhängigkeiten als wirtschaftliches und politisches Druckmittel eingesetzt werden kann (AFP, 2009). Indes sollte aber auch berücksichtigt werden, dass wirtschaftliche Interdependenzen, welche bei einem Großprojekt wie DESERTEC mit Sicherheit auftreten, fähig sind die erwähnten Risiken in gewisser Art und Weise zu mindern und zu kontrollieren. Als weiterer Risikofaktor ist der Terrorismus zu betrachten. Leitungsnetze sowie Kraftwerke offenbaren sich als attraktive Ziele, deren Schutz und Überwachung kaum zu bewerkstelligen sein wird. Die geplanten Standorte (Staaten) fungieren großteils als Hochburgen beziehungsweise Rückzugsgebiete islamistischer Terrorgruppen. Neben ideologisch getriebenen Gewaltakten, müssen aber auch die in der Wüste lebenden nomadischen Stämme mit in das Kalkül einbezogen werden. Selbst wenn ihrerseits kein Rechtsanspruch auf das von ihnen

---

[6] „Der Primärenergieverbrauch ist der Verbrauch an primären Energieträgern, die noch keiner Umwandlung unterworfen wurden. Dazu zählen Stein- und Braunkohle, Erdöl, Erd- und Grubengas, aber auch die erneuerbaren Energien, Atomenergie sowie Abfälle, die zur Energiegewinnung verwertet werden." (Landesamt für Natur, Umwelt und Verbraucherschutz Nordrhein-Westfalen, 2009)

benutzte Land besteht, sollten sie, um Konflikte zu vermeiden, bei der Projektplanung angemessen mit einbezogen werden.

Die oben beschriebenen Risiken sind sehr spekulativ und auch nur begrenzt zutreffend. Die Gefahr einer politischen Abhängigkeit ist nur gegeben, sobald sich eine der an dem Projekt beteiligten Parteien in ein einseitiges Abhängigkeitsverhältnis begibt. Bei DESERTEC ist dies aber als eher unwahrscheinlich einzustufen. Der Solarstrom ist zeitlich nur sehr begrenzt speicherbar, wohingegen fossile Energieträger den Abnehmern vorenthalten werden können um diese zu einem späteren Zeitpunkt zu noch höheren Preisen zu verkaufen. Es ist somit aus Sicht der Stromproduzenten unattraktiv, den Abnehmerländern mit einer Unterbrechung der Stromzufuhr zu drohen, da bei dem einhergehenden Ausbleiben der Zahlungen irreparable finanzielle Verluste entstehen; von den Imageschäden einmal ganz abgesehen. Hinzu kommt, dass der im DESERTEC-Konzept angestrebte Anteil des Wüstenstroms an dem europäischen Gesamtstrombedarf zu gering ist, um als politisches Druckmittel Verwendung zu finden.[7] Eine politische Abhängigkeit ist insofern nur bedingt als reale Gefahr einzustufen. Hinsichtlich der sicherheitspolitischen Versorgungssicherheit ist zu erwähnen, dass diese vor allem bei transnationalen Vorhaben stark von der Standortwahl abhängt, welche im Falle von DESERTEC immer noch nicht endgültig geklärt ist. Man muss daher bei einer Pauschalisierung der Terrorgefahr Vorsicht walten lassen. So gelten zum Beispiel Marokko und Tunesien, im Vergleich zu anderen MENA-Staaten, als relativ sichere Betriebsstandorte, und auch in Algerien funktioniert der Erdöl- und Erdgasexport trotz anhaltender terroristischer Aktivitäten bislang problemlos.

3.2   Chancen / Perspektiven solarer Großprojekte

Die Realisierung von solarthermischen Kraftwerkskomplexen in der Wüste, insbesondere von DESERTEC, geht mit einer Vielzahl an Perspektiven und Chancen, sowohl für die Standortländer als auch für die Technologiebereitstellerländer, einher.

Ein Großteil der geeigneten Standorte für solarthermische Kraftwerke befindet sich in Schwellen- und Entwicklungsländern, allen voran denen Nordafrikas. Es ist fraglich ob diese Länder technisch in der Lage sind, die Pläne für Solaranlagen bisher unvergleichbaren Ausmaßes ohne fremde Hilfe in die Tat umzusetzen. Wahrscheinlicher ist, dass die Be-

---

[7] Mit DESERTEC ist angestrebt, einen 15-prozentigen Anteil an der europäischen Stromerzeugung zu erreichen; Reguläre Stromnetze verfügen im Normalfall über eine Pufferkapazität von 25% bei maximaler Nachfrage, sprich die hier beschriebenen Lieferengpässe sind kompensierbar (Grassl, Knies, Trieb, & Müller-Steinhagen, 2007).

werkstelligung zukünftiger Vorhaben nur in Kooperation mit hoch technologisierten Indust-
riestaaten, respektive Firmen, erfolgen wird. Dies bietet den Technologiebereitstellern, gerade bei Projekten einer solchen Größenordnung, enorme Exportpotenziale und die Chance, sich als Pionier hier entscheidende Wettbewerbsvorteile in einem aufstrebenden Zu-
kunftsmarkt zu sichern. Dementsprechend groß ist auch das Interesse deutscher Firmen
an DESERTEC. Schließlich winkt hier gerade deutschen Firmen, die bereits großflächig in
der Solarbranche vertreten sind, die Möglichkeit ihre Position als Marktführer[8] weiter auszubauen. Neben den betriebswirtschaftlichen Vorteilen für einzelne Unternehmen werden
auch volkswirtschaftliche Effekte in Erscheinung treten. Da beispielsweise DESERTEC von
einem kontinuierlichen Bauvorhaben bis 2050 ausgeht, sind für diejenigen Länder welche
die notwendige Technologie bereitstellen und exportieren, ein langfristiger wirtschaftlicher
Boom (wenngleich auf gewisse Branchen begrenzt) und die Schaffung einer Vielzahl von
Arbeitsplätzen zu erwarten.

Exemplarisch für die Perspektiven und Chancen, welche sich für die Standortländer ergeben können, soll hier DESERTEC angeführt werden. Die Bandbreite an möglichen positiven Entwicklungen in den MENA-Ländern ist hier durch die schiere Größe des Projekts
immens. Denn es ist unbestreitbar, dass solarthermische Großprojekte, und hier
DESERTEC im speziellen, durchaus Potenzial besitzen bisher benachteiligte Regionen
ökonomisch nach vorne zu katapultieren. Der Aufbau einer soliden und auf eigenen Füßen
stehenden Wirtschaft ist, begleitet von steigendem Wohlstand, nicht zuletzt der Ansicht
vieler Experten nach die vielversprechendste Art von Entwicklungshilfe. Zum einem eröff-
nen sich für diejenigen Länder in denen der Solarstrom letztendlich produziert werden soll,
finanzielle Vorzüge erheblichen Ausmaßes. Noch ist unklar, wie viel Prozent des Stroms im
Endeffekt nach Europa exportiert werden, es ist jedoch evident dass auch den Standortländern ein nicht unbeträchtlicher Teil zu Gute kommen wird. Dadurch könnte dann vor Ort
ein signifikanter Prozentsatz des Strombedarfs durch Solarthermie gedeckt werden. In An-
betracht der Tatsache, dass einige der MENA-Länder bedeutende Rohöl- und Erdgaspro-
duzenten sind, und somit einen beachtlichen Teil ihres Energiebedarfs durch eigene fossile
Rohstoffe decken, würden diese von einer verringerten Abhängigkeit von fossilen Energieträgern finanziell profitieren: Das bedeutet konkret, dass der langfristig günstiger produzierte Solarstrom[9] die öffentlichen Haushalte entlasten könnte, da in vielen dieser Staaten
Strom immer noch stark subventioniert wird um große Teile der Bevölkerung nicht völlig

---

[8] Die deutsche Solarbranche bestimmt zusammen mit Wettbewerbern aus China, Japan und den U.S.A. den
Weltmarkt (BSW - Bundesverband Solarwirtschaft e.V.).

[9] Im Vergleich zu fossilen Energieträgern

von der Versorgung „abzuschneiden" (Müller-Steinhagen, 2010). Des Weiteren könnten Produktionsüberschüsse lukrativ in Nachbarstaaten verkauft werden, und somit eine zusätzliche Einkommensquelle garantieren. Die Tatsache, dass Strom dann relativ kostengünstig und in großen Mengen zur Verfügung stehen wird, bietet den MENA-Staaten auch wirtschaftlich völlig neue Perspektiven. Gerade Nordafrika ist reich an Bodenschätzen, welche jedoch eine energieintensive Förderung beziehungsweise Verarbeitung erfordern. Solarthermische Projekte können hier helfen, den Ländern einen „komparativen Kostenvorteil" (Scheer, 2009, S. 2) bei der Entwicklung dieser Industrien zu sichern, und so langfristig eine Vielzahl an Arbeitsplätzen für die lokale Bevölkerung zu schaffen. Neue Perspektiven für Letztere haben das Potenzial auch den Nährboden für Terrorismus und Terrorrekrutierungen an sich nahezu gänzlich verschwinden lassen. Durch wirtschaftlichen Boom und zugleich einer besseren Energie- und Wasserversorgung wird die sozio-ökonomische Wertschöpfung der Kraftwerke aber vor allem in der Reduzierung sozialer Spannungen durch einen gestiegenen Lebensstandard liegen.

Abbildung 4: Weltweite Wasserknappheit (Comprehensive Assessment of Water Management in Agriculture, 2006, S. 8)

Besonders sticht hier die Idee hervor, Meerwasserentsalzungsanlagen durch solarthermische Kraftwerke zu betreiben, um so wertvolles Trinkwasser zu gewinnen. Solchen Anlagen wird demzufolge eine bedeutende Rolle zugesprochen, welche die bestehenden ökonomischen und sozialen Verhältnisse dauerhaft zu stabilisieren weiß, und überdies als Präventivmaßnahme hinsichtlich zukünftiger Konflikten wirken kann. Denn wie in Abbildung 4 zu sehen ist, gehören die MENA-Staaten schon heute zu den akut von Wasserknappheit betroffenen Gebieten. Der dort vorherrschende Mangel ist physikalisch bedingt, das heißt, dass de facto zu wenig Wasser vorhanden ist. Im Gegensatz dazu steht der ökonomische Wassermangel, wo Wasserressourcen im Verhältnis zur Nachfrage im Überfluss vorhanden sind, jedoch durch Eingriffe des Menschen nur begrenzt nutzbar sind. Beispiele hierfür sind Indien, Zentralamerika sowie fast alle südlich der Sahara gelegenen Staaten (Comprehensive Assessment of Water Management in Agriculture, 2006).

Am meisten Erfolg, sowohl für Standortländer als auch für den Rest der Welt, verspricht aber zweifelsohne die Aussicht auf eine wirtschafts- und geopolitische Transformation der bisher krisengebeutelten Region. Die Annahme, dass sich die gesamte MENA-Region, nach der von dem US-amerikanischen Geopolitiker Saul Cohen begründeten Theorie, von einem „Shatterbelt" zu einem „Gateway" entwickelt, hat hier durchaus ihre Berechtigung (Scholvin, 2009, S. 3). Hierzu ist jedoch primär eine Klarstellung der von Cohen verwendeten Begrifflichkeiten notwendig. Als Shatterbelt beschreibt Cohen eine in sich instabile Region, in der die Interessensgegensätze staatlicher Akteure (hier: Israel vs. Arabische Liga) oder diese mit nicht-staatlichen Akteuren (islamistisch gezeichnete Terrorgruppen) zusammenprallen. Da keine institutionalisierten Formen der friedlichen Konfliktbegegnung existieren, birgt die Region daher ein hohes Potenzial einer gewaltsamen Eskalation der Spannungen. Zusätzliche Instabilität wird dadurch geschaffen, dass externe Interessensgemeinschaften (z.B. die USA) versuchen, ihre eigenen Absichten durch strategische Partnerschaften in der Region durchzusetzen. Ein Gateway hingegen fungiert laut Cohen als Brücke zwischen verschiedenen Regionen beziehungsweise Staaten und ist durch eine hohe Wirtschaftsdynamik gekennzeichnet. Auch hier üben externe *Player* Einfluss aus, welcher jedoch positiv ist da er einem wirtschaftlichen Interesse entspringt. Folglich wird die Kooperation der bisherigen Shatterbelt-Staaten untereinander beflügelt, und die Zusammenarbeit dominiert so über einen Konfrontationskurs. Momentan sieht Cohen die MENA-Region als einzigen Shatterbelt von weltweiter, geopolitischer Bedeutung (Cohen, 2003, S. 44). Die durch solare Großprojekte in Gang getretene Transformation könnte gerade hier durch die zwingend erforderliche Kooperation bei Planung, Bau und Betrieb des Projekts die Zusammenarbeit der Staaten untereinander fördern, und ultimativ in positiven Effekten für alle Beteiligten resultieren.

4. Exemplarische Analyse aktueller Vorhaben am Beispiel des geplanten DESERTEC-Projekts

Wie bereits eingangs erwähnt, gibt es weltweit gegenwärtig mehrere solarthermische Pilotanlagen. In den Medien und der Politik war die Resonanz auf diese bis vor kurzem jedoch mehr als verhalten. Ganz im Gegensatz dazu steht das geplante DESERTEC-Projekt: Die Ankündigung[10] im Oktober 2009, die geplante Vision vom Wüstenstrom mit Hilfe starker Partner aus der Industrie- und Finanzwelt in die Tat umzusetzen, stieß auf ein enormes Echo seitens der Politik und Industrie. Denn das Vorhaben bietet, sofern es realisiert wird, ein beträchtliches Potenzial. Es stellt alle bisher existierenden Anlagen, sowohl von den benötigten Investitionen als auch von der Leistungsfähigkeit her in den Schatten, und kann darüber hinaus als wirtschaftliches Sprungbrett für die MENA-Staaten fungieren. In dem folgenden Abschnitt soll erläutert werden, wer sich hinter dieser gigantischen Vision verbirgt und mit welcher Zielsetzung das Projekt vorangetrieben wird. Dem folgen eine Bestandsaufnahme der aktuellen Entwicklung sowie eine kurze Einschätzung der Zukunftsaussichten von DESERTEC.

4.1   DESERTEC – Eine Vision nimmt Gestalt an

Die grundsätzliche Idee, Europa flächendeckend mit (Wind- und) Solarstrom aus der Wüste zu versorgen, geht auf den Hamburger Physiker Dr. Gerhard Knies zurück. Auf Knies' Initiative hin, fanden sich im Jahr 2003 der deutsche Ableger des Club of Rome[11], der Hamburger Klimaschutz-Fonds und das Jordanische Nationale Energieforschungszentrum (NERC) zusammen, um das Konzept zu konkretisieren (Wolz, 2009). Dieses informelle Netzwerk mit dem Namen Trans-Mediterranean Renewable Energy Cooperation (TREC) gab in Folge mehrere Studien in Auftrag, welche vom Bundesministerium für Umwelt, Naturschutz und Reaktorsicherheit (BMU) finanziert, und letztendlich von der DLR durchgeführt wurden um die Machbarkeit des Projekts auf den Prüfstand zu stellen. Involviert waren außerdem regierungsnahe Forschungseinrichtungen aus Ägypten, Algerien, Marokko, dem Jemen und Libyen, was ohnehin der ursprünglichen Intention entsprach, Vertreter aus den MENA-Staaten von Anfang an in den notwendigen Dialog mit einzubeziehen. Kern-

---

[10] Vgl. dementsprechende Pressemitteilung der DESERTEC Foundation (DESERTEC Foundation, 2009)

[11] „Eine Vereinigung von Persönlichkeiten aus Wissenschaft, Kultur, Wirtschaft und Politik aus allen Regionen unserer Erde. Er wurde 1968 von Aurelio Peccei und Alexander King in Rom ins Leben gerufen, mit dem Ziel, sich für eine lebenswerte und nachhaltige Zukunft der Menschheit einzusetzen." (Deutsche Gesellschaft CLUB OF ROME)

element der drei Studien (MED-CSP, AQUA-CSP, TRANS-CSP) war die Evaluierung der Potenziale in der EU-MENA Region hinsichtlich der Produktion von Elektrizität und Trinkwasser durch erneuerbare Energien (Zacharias, 2010, S. 2). Mit Abschluss der letzten Studie im Jahr 2007 wurden schließlich die Handlungsanweisungen in einem Weißbuch zusammengefasst und von Prinz Hassan bin Talal, dem damaligen Präsidenten des Club of Rome, im Europaparlament vorgestellt. Am 20. Januar 2009 folgte dann die Gründung der gemeinnützigen DESERTEC Stiftung, mit dem Ziel die Umsetzung des Projektes effektiver zu propagieren. Den Stiftungsmitgliedern wurde jedoch schnell klar, dass ohne die Unterstützung aus der Industrie das Vorhaben kaum in die Tat umzusetzen sein werde. Folglich formierte sich in München im Juli 2009 unter der Schirmherrschaft der Munich RE die DESERTEC Industrieinitiative GmbH (Dii).[12] Die DESERTEC Stiftung, welche im Zuge der im Oktober 2009 festgelegten Kooperation mit der Dii als Gesellschafter fest in diese integriert ist, agiert nun vor allem als „Think Tank" und versucht die notwendige Struktur und Vorgehensweise zu definieren, während die assoziierten Unternehmen das nötige Kapital und Wissen bereitstellen werden um DESERTEC weiter voranzutreiben (Mohanty & Richter, 2010). Hinzu kommen 32 weitere assoziierte Partner welche das Projekt unterstützen (Stand: Oktober 2010) (Rüschen, 2010). Darüber hinaus befindet sich die Dii auch in intensiven Kontakt und Austausch mit anderen Industrie-Initiativen und Gesellschaften, wie beispielsweise TransGreen. Letztere strebt im Rahmen des Mittelmeer-Solarplans der Mittelmeerunion die Schaffung eines Hochspannungsnetzes im Mittelmeer an, welches, komplementär zu DESERTEC, den dort produzierten Strom nach Europa transportieren soll (Son). Das breite Spektrum das durch die beteiligten Firmen repräsentiert wird, garantiert dem DESERTEC Entwurf zumindest die erforderliche technische und finanzielle Expertise die benötigt wird, um das Konzept umzusetzen. Mit der Gründung des DESERTEC University Networks wurde im November 2010 ein weiterer Schritt getan um die Umsetzung voranzutreiben. Der vorrangig aus Forschungseinrichtungen und Universitäten der MENA-Staaten bestehende Verband untermauert die langfristigen Ambitionen des Wüstenstromkonzeptes, DESERTEC zu einer global agierenden Plattform auszubauen (DESERTEC Foundation, 2010).

---

[12] Für eine Auflistung der Dii Anteilseigner siehe Anhang 1 (Dii, 2010).

4.2 Zielsetzung, Entwicklungsstand und Zukunftsaussichten

Die DESERTEC Idee ist ein global umsetzbares Konzept, welches primär vorsieht die immense Kraft der Sonneneinstrahlung in den Wüsten zum Betrieb solarthermischer Kraftwerke zu nutzen, um so den wachsenden Energiebedarf zu decken. Es sei hier vorab darauf hingewiesen, dass Wüstenstrom in dem gesamten Konzept nur eine, wenn auch eine beachtliche, von vielen Komponenten darstellt. Im Endeffekt soll die europäische Energieversorgung durch einen breitgefächerten Mix an regenerativen Energieformen revolutioniert werden, was jedoch nicht Gegenstand der Arbeit ist.[13] Neben der Fokusregion EU-MENA sind mittlerweile Ableger dieser Idee in den USA, Australien und Indien vorzufinden (Zacharias, 2010, S. 2). Das Hauptaugenmerk dieser Arbeit, aber auch des DESERTEC Projekts an sich, liegt allerdings auf der EU-MENA Region. Eine Realisierung des Vorhabens erscheint hier, nicht zuletzt wegen des bereits vergleichsweise fortgeschrittenen Entwicklungsstandes, am wahrscheinlichsten. Der Begriff „DESERTEC" ist hier demnach als Synonym für das Konzept in der EU-MENA Region zu verstehen.

Vor dem Hintergrund eines weltweit rapide wachsenden Wohlstandes müssen weitreichende Veränderungen erfolgen, um die ökologischen Konsequenzen dieser Entwicklung in einem beherrschbaren Rahmen zu halten. DESERTEC hat sich demzufolge zum Ziel gesetzt, die aktuelle, großteils auf fossilen Energieträgern basierende Energieversorgung, sukzessive auf Nachhaltigkeit zu novellieren (DESERTEC Foundation, 2009). Aber nicht nur aus klima- und energiepolitischer Sicht kann sich DESERTEC als hilfreich erweisen um zukünftigen Konflikten vorzubeugen: Das Projekt zielt langfristig auch auf einen Wandel der sicherheitspolitischen Situation in der ganzen Region ab, was sowohl durch die erforderliche internationale Zusammenarbeit, als auch durch die mit dem Projekt einhergehende positive sozio-ökonomische Entwicklung erreicht werden soll. Es wird als integrierter Lösungsansatz verstanden, mit dem nicht nur die Energieprobleme der Zukunft gelöst werden können, sondern auch dem zunehmenden Wassermangel in der Region Rechnung getragen wird. Konkret sollen bis zum Jahre 2050 circa 15% des europäischen Strombedarfs mit Hilfe von DESERTEC gedeckt werden, sowie parallel dazu die gesamte MENA-Region mit dem hauptsächlich auf ihrem Territorium generierten Strom versorgt werden (Dii, 2010). Als Basis hierfür dient die TRANS-CSP Studie, welche das Kernelement der durchgeführten Studien zur Machbarkeit von DESERTEC darstellt. In dieser wird der schrittweise Übergang Europas zu einer nachhaltigen Energieversorgung erläutert und ein

---

[13] Der Fokus dieser Arbeit liegt auf der solarthermischen Komponente des DESERTEC-Konzepts. Um einen kompletten Überblick über den geplanten Einsatz regenerativer Energien zur europäischen Energieversorgung zu bekommen, sind die unter dem Gliederungspunkt 4.1 erwähnten Studien zu empfehlen.

Szenario skizziert, welches vorsieht Europa ab 2050 zu 80% aus regenerativen Energiequellen zu versorgen; 65% sollen hierbei aus heimischer Produktion kommen, während die
restlichen 15%, wie bereits erwähnt, als Wüstenstrom importiert werden und somit einen
wesentlichen Anteil an der zukünftigen europäischen Energieversorgung haben werden
(DLR, 2010). Der in Europa antizipierte Energiemix wird hauptsächlich auf der Energieer-
zeugung durch Biomasse, Wasser- und Windkraft, Photovoltaik sowie Geothermie basie-
ren, wie in Abbildung 5 zu erkennen ist. Die in Nordafrika skizzierte Windkraft nimmt nur
eine unterstützende Rolle in der Generierung des Wüstenstroms ein, sollte der Vollstän-
digkeit halber aber erwähnt sein. Im Mittelpunkt werden hier zweifelsohne die solarthermischen Kraftwerke stehen, welche in den strahlungsintensiven Gegenden der MENA Region, und dort bevorzugt an den Küsten[14], zum Einsatz kommen werden.

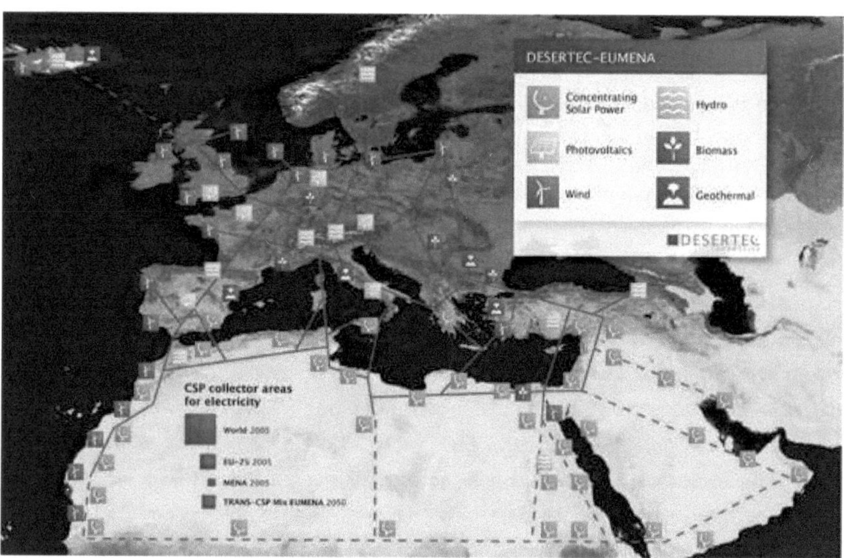

Abbildung 5: Schematische Infrastruktur des DESERTEC-Projekts (DESERTEC Foundation)

Anstatt weniger Großanlagen soll lokal jedoch eine Vielzahl dezentral gelegener Kraftwerke entlang des Wüstengürtels gebaut werden. Über HGÜ-Leistungssysteme wird der in
der Wüste produzierte Strom dann anschließend in das europäische Stromnetz eingespeist
und effizient in die Ballungszentren transportiert werden. Bemerkenswert ist die relativ geringe Fläche, welche theoretisch benötigt wird um den Energiebedarf der Welt zu decken.

---

[14] Der Standort Küste eignet sich sowohl zur notwendigen Kühlung der Kraftwerke, als auch den produzierten
Strom zum Betrieb von Meerwasserentsalzungsanlagen einzusetzen.

Die jeweiligen Quadrate haben jedoch eher marketingtechnischen Charakter, und werden so in der Realität nicht umzusetzen sein; allerdings wird hier in besonderem Maße deutlich, dass solarthermische Kraftwerke in den Wüsten durchaus fähig sind, die weltweite Nachfrage nach Elektrizität zu decken.

Im Fokus jetziger Aktivitäten steht die Durchführung von Machbarkeitsstudien zum DESERTEC Konzept. Es ist das selbstgesteckte Ziel der Dii bis spätestens 2012, basierend auf den jeweiligen Ergebnissen der Studien, einen konkreten Zeitplan für die Durchführung von DESERTEC präsentieren zu können. Bis dato haben sich vier Kernziele herauskristallisiert, auf welchen das Hauptaugenmerk der Studien liegen wird, und welche in enger Kooperation mit allen Interessengruppen[15] vorangetrieben werden (Rüschen, 2010). Primär wird es die Aufgabe sein, adäquate politische und regulative Rahmenbedingungen zu propagieren, um die bisher vorhanden Unsicherheiten bezüglich des weiteren Vorgehens zu eliminieren und letztendlich Investitionssicherheit zu gewährleisten. Im Speziellen bedeutet das, Rechtgrundlagen für das Vorhaben zu formulieren sowie beispielsweise Export- und Abnahmegarantieren gesetzlich fixieren zu lassen. Auch Einspeisevergütungen und ein zusammenhängender europäischer Strommarkt gehören zu den Vorsätzen, die sich die Dii diesbezüglich zum Ziel gesetzt hat. Stimmige Rahmenbedingungen sind jedoch als größte Hürde im Zuge der Realisierung von DESERTEC zu betrachten, da nahezu jede an dem Projekt beteiligte Partei versuchen wird ihre Interessen durchzusetzen. Eine einheitliche politische Regelung und somit attraktive Investitionsatmosphäre wird daher, unter normalen Umständen, dementsprechend spät zu erwarten sein. Als zweite Aufgabe hat sich die Dii die Entwicklung eines detaillierten Umsetzungsplans vorgenommen. Hier sollen die konkreten Kraftwerkskapazitäten der jeweiligen Länder festgelegt werden, sowie der damit einhergehende erforderliche Netzausbau evaluiert werden. Um die Umsetzbarkeit der Pläne beziehungsweise die Möglichkeiten des gesamten DESERTEC Konzepts zu demonstrieren, werden außerdem erste Referenzprojekte in der nordafrikanischen Sahara entstehen. Konkrete Pläne existieren bereits für ein CSP-Kraftwerk auf ägyptischen Boden, welches mit einer geplanten Leistung von 1 GW (Gigawatt) sowohl Meerwasser entsalzen als auch den gesamten Gazastreifen mit Strom versorgen könnte (Grassl, Knies, Trieb, & Müller-Steinhagen, 2007). Eventuell auftretenden Problemen kann so bereits in der Pilotphase begegnet werden, während parallel dazu das volle Potenzial der Anlagen, sei es aus energiepolitischer, respektive sozio-ökonomischer Sicht, bewiesen werden kann. Ultimativ werden jedoch, komplementär zu den nach den ersten Pilotprojekten gewonnenen

---

[15] Beispielsweise sind hier die Europäische Union, TransGreen, die nordafrikanischen Staaten, die Union für das Mittelmeer sowie Unternehmen / Institutionen aus dem Finanzsektor zu nennen.

Erfahrungen, weitere detaillierte Studien sowie umfangreiche Informationskampagnen angestoßen werden, um die schrittweise Realisierung von DESERTEC zu fördern. Exemplarisch hierfür ist geplante Erstellung eines Solaratlanten[16], als auch die Darlegung expliziter Finanzierungskonzepte zu nennen (DESERTEC Foundation, 2010).

Verläuft alles nach Plan, wird DESERTEC im Jahr 2050 in vollem Umfang einsatzbereit sein, und so einen bedeutenden Beitrag zu der Verringerung der Abhängigkeit von fossilen Brennstoffen und der Emission von Treibhausgasen beitragen (DLR, 2010). Da sich das Projekt momentan aber noch in einem sehr frühen Stadium befindet, ist es schwer einzuschätzen, in welche Richtung das Vorhaben verlaufen wird. Den nicht zu verachtenden Ungewissheiten, welche vorhandene Zweifel an der Umsetzung durchaus legitimieren, stehen ein bisher nie dagewesener Rückhalt aus der Industrie und teils auch der Politik gegenüber. Die DESERTEC Stiftung agiert aktuell sehr erfolgreich in der Rolle als Botschafterin der Vision vom Wüstenstrom. Ab einem gewissen Grad sind allerdings auch dieser die Hände gebunden, da jegliche Möglichkeiten, konkrete Anreize für die Realisierung zu schaffen, der Politik obliegen. Insofern wird diese, so scheint es zumindest gegenwärtig, die ausschlaggebenden Impulse liefern, welche letztendlich über den Erfolg von DESERTEC entscheiden.

---

[16] In diesem soll die räumliche Verteilung der Strahlungsintensität in der MENA-Region detailliert festgehalten werden.

5. Strom aus der Wüste – Energieversorgung mit Zukunft?

Dem DESERTEC Vorhaben stehen, trotz augenscheinlicher Vorteile, eine ganze Bandbreite von Kritikpunkten gegenüber, welche letztendlich die Frage aufwerfen, ob das Projekt den richtigen Schritt in Richtung einer grünen Energiewende darstellt. So werden beispielsweise in den DESERTEC zugrunde liegenden Studien nur unzureichende Ansätze zur Einschätzung der ökologischen Folgen eines solch massiven Projekts gemacht. Denn die beispielsweise für den Bau der Kraftwerke benötigten Ressourcen lassen eine gewaltige Materialschlacht erwarten. Des Weiteren kommt vor allem seitens der deutschen Solarbranche vermehrt Kritik auf, welche DESERTEC vorwirft, bisherige Bemühungen in Deutschland bezüglich einer dezentralen Energieversorgung mittels regenerativer Energien durch ein solches Mammutprojekt zu untergraben. Ferner rückt bei DESERTEC auch der Aspekt der energiepolitischen Sinnhaftigkeit eines solchen Projekts in den Vordergrund. Europa ist, der Ansicht vieler Experten nach, nämlich durchaus in der Lage, seine Elektrizitätsversorgung mit Hilfe „grünen Stroms" komplett selbst zu schultern (Le Monde diplomatique, 2009). In folgendem Abschnitt wird auf die genannten Kritikpunkte ausführlich eingegangen, mit dem Ziel, die landläufige Meinung über DESERTEC als ultimative Lösung kritisch zu hinterfragen.

5.1   Energiepolitische Sinnhaftigkeit von DESERTEC

Bei DESERTEC stellt sich primär natürlich die Frage, warum der für die europäischen Ballungszentren benötigte Strom aus tausenden von Kilometern Entfernung herangeschafft werden muss, und nicht direkt vor Ort produziert wird. Denn inwiefern erweist es sich als sinnvoll Ökostrom aus Afrika zu importieren, wenn dieser schon hierzulande, der Meinung von Kritikern nach, nicht rentabel zu erzeugen ist? Befürworter des Wüstenstroms argumentieren, dass solarthermische Kraftwerke in den gemäßigten Breiten nur bedingt funktionsfähig sind, und rechtfertigen somit, neben den in Punkt 4.2 aufgeführten Argumenten, ihre Standortwahl. Prinzipiell ist an der Argumentation nichts auszusetzen, jedoch ist die hier implizit zugrunde liegende Rechnung, dass eine höhere Sonneneinstrahlung mit einem gesteigerten Stromertrag einhergeht, an dieser Stelle nicht ausschlaggebend. Die für die Realisierung von DESERTEC maßgebliche Konstante wird dessen Wirtschaftlichkeit sein. Um diese zu bestimmen, müssen die benötigten Gesamtinvestitionen in das Verhältnis zu dem voraussichtlichen Stromertrag gesetzt werden. Die Investitionen werden sich vorsichtigen Schätzungen zufolge in einem mittleren bis hohen dreistelligen Milliardenbereich bewegen, während der Stromertrag noch völlig ungewiss ist. Zugleich besteht auch ein Konsens darüber, dass nur ein Teil des in der Wüste produzierten Stroms nach Europa exportiert wird, während der Rest den Standortländern zur Verfügung gestellt wird (DESERTEC Foundation, 2009). Diesbezüglich belegen zahlreiche Studien, dass der Stromverbrauch der MENA-Staaten in den kommenden Jahrzehnten exponentiell zunehmen wird, und sich somit kontinuierlich dem Verbrauch der EU annähert (Mackie, 2010). Interessenkonflikte bezüglich der Anteilsrechte des Wüstenstroms scheinen daher bereits heute schon wahrscheinlich. Der vermeintliche Vorteil des Standorts Wüste aufgrund höherer Stromerträge ist zudem vor dem Hintergrund des enormen Investitionsbedarfs, und der Tatsache dass nur ein Bruchteil des Stroms nach Europa gelangt, als hinfällig einzustufen. Dezentral installierte Solarmodule in europäischen Gefilden stellen hier somit eine weitaus wirtschaftlichere Alternative dar. Generell muss ein Projekt dieser Größenordnung den entsprechenden Nutzen mit sich bringen um die notwendigen Investitionen zu rechtfertigen. Im Falle von DESERTEC bedeutet das konkret, dass mit Fertigstellung des Projekts ein signifikanter Anteil der europäischen Energieversorgung von Nachhaltigkeit bestimmt sein sollte. Nun geht DESERTEC davon aus, bis zum Jahr 2050 15% des europäischen Strombedarfs durch Wüstenstrom zu decken (Dii, 2010). Zum Vergleich: Der aktuelle Anteil des Stromverbrauchs am Primärenergieverbrach beträgt in Deutschland rund 15%, wobei anzunehmen ist, dass dies in etwa dem EU-weiten Durchschnitt entspricht (Herminghaus, 2010). Demzufolge zeichnet sich ab, dass selbst unter Annahme des Idealfalles nur knapp über 2% des europäischen Primärenergiebedarfs durch DESERTEC bereitgestellt werden. Es ist daher fragwürdig, ohne die energiepolitische Wende im Allgemeinen diskreditieren zu wollen, ob die für DESERTEC verwendeten finanziellen Mittel, sowohl aus ökonomischer als auch ökologischer Perspektive, nicht eine sinnvollere Verwendung finden könnten.

5.2   Konkurriert DESERTEC mit bestehenden Strukturen?

Die Befürchtungen der deutschen Solarbranche, dass der dezentrale Ausbau erneuerbarer Energien hierzulande aufgrund von DESERTEC ins Stocken geraten könnte, sind nicht ganz unberechtigt. Offensichtlich liegt eine zentrale Energieversorgung im Interesse der Energieversorger, da so die bestehende konventionelle Kraftwerksinfrastruktur und die vorherrschende oligopolistische Marktstruktur weitestgehend beibehalten werden kann. Denn die plötzliche Unterstützung des Wüstenstromkonzepts seitens der großen Energiekonzerne nährt die Vermutung, dass DESERTEC diesen eine einmalige Chance bietet, vorhandene Strukturen auf den Sektor der regenerativen Energien umzuwälzen. Einem bislang drohenden Machtverlust, der in dem dezentralen Ausbau der Energieversorgung durch das Erneuerbare-Energien-Gesetz (EEG) begründet ist, wird so effektiv entgegengewirkt. Nichtsdestotrotz zeigen die Praxiserfahrungen der letzten Jahre, dass eine dezentrale Energieversorgung durchaus gut funktionieren kann. Systemkosten, welche bei zentralen Versorgungsansätzen wie DESERTEC dringend erforderlich sind, fallen bei dezentraler Versorgung nur zu einem Bruchteil an. Darüber hinaus ist die Installation dezentraler Anlagen in kurzer Zeit zu bewerkstelligen, wohingegen DESERTEC erst in einigen Jahrzehnten vollständig realisiert sein wird. Das bedeutet konkret: Bis Konzepte wie DESERTEC letztendlich ans Netz gehen werden, ist die Produktion von photovoltaisch erzeugtem Strom in Europa schon deutlich günstiger, da unter anderem davon auszugehen ist, dass der Wüstenstrom anfangs stark subventioniert werden muss um Abnehmer zu finden. Die Netzparität von heimisch produziertem Solarstrom ist demgemäß, aufgrund des zeitlichen Vorsprungs beim Ausbau der der PV-Technik, weitaus schneller zu erwarten. Natürlich sollte bei dem Vergleich der Energieversorgung durch zentrale und dezentrale Systeme nicht außen vor gelassen werden, dass auch der in Europa dezentral erzeugte Ökostrom noch stark subventioniert wird. Dies geschieht anhand einer Einspeisevergütung für Betreiber von Ökostromanlagen, welche in vielen Ländern gesetzlich geregelt ist. Jedoch ist zumindest in Deutschland das Maximum der auszuzahlenden Beträge schon bald erreicht, was bedeutet, dass die durch die Vergütung verursachten negativen Differenzkosten in naher Zukunft deutlich sinken werden (Hollain, 2009).

Es zeigt sich, dass bestehende Modelle es durchaus geschafft haben die Energiewende im großem Stile einzuläuten. Mit einer eventuellen politischen Entscheidung für DESERTEC besteht nun die Gefahr eines Paradigmenwechsel hinsichtlich der Förderungs-Maximen. Schließlich unterstreicht das enorme finanzielle Volumen von DESERTEC deutlich, dass eine Priorisierung der Förderungen von Ökostrom unabdingbar sein wird. Vor dem Hintergrund des erfolgreichen und fortgeschrittenen Ausbaus erneuerbarer Energien hierzulande, ist es daher fraglich ob es aus umweltpolitischer Perspektive Sinn macht, die mit DESERTEC unweigerlich auftretende Kürzung der hiesigen Förderungen zu forcieren.

6. Zusammenfassung

Mit dem DESERTEC Vorhaben wird im Zuge der grünen Energiewende nun erstmals versucht, diese in großindustriellen Maßstäben einzuläuten. Es wird deutlich, dass es bei einem Projekt dieser Größenordnung, im Gegensatz zu den bisher dezentral geprägten Ansätzen der nachhaltigen Energieversorgung, besonders auf ein erfolgreiches und intensives Zusammenspiel einer Vielzahl von Parteien ankommen wird. Unter anderem ist dies von wesentlicher Bedeutung um dem Vorhaben einer Brandmarkung als Form des „Solarimperialismus" entgegen zu wirken.

DESERTEC wurde vor allem seitens der Medien und der Politik nahezu euphorisch begrüßt. Denn es steht außer Frage, dass sich durch das Projekt eine Vielzahl von Perspektiven und Chancen für alle beteiligten Akteure ergeben werden. Die Verlockung, nebst dem Vorantreiben der wirtschaftlichen Entwicklung, endlich Stabilität in die von Krisen gebeutelte und politisch fragile Region der MENA Staaten zu bringen, motiviert Politiker und Vertreter der Wirtschaft gleichermaßen sich für Realisierung von DESERTEC stark zu machen. Auch die von Kritikern angeführten technischen Probleme hinsichtlich der Energiespeicherung und des -transports sowie der Wartung und Kühlung der Anlagen sind zwar präsent, werden jedoch im Zuge der Umsetzung des Projekts aller Voraussicht nach zu überkommen sein. Es scheint sich daher alles auf die politischen und finanziellen Parameter als maßgebliche Erfolgsfaktoren zu konzentrieren, was aber folglich eine Realisierung von DESERTEC bei genauerer Betrachtung als durchaus fragwürdig erscheinen lässt. Denn DESERTEC weist Charakteristika bestehender, zentralistisch orientierter Versorgungssysteme auf, und es werden daher zunächst immense Investitionen, sowohl in das Leitungsnetz als auch in die Kraftwerksinfrastruktur selbst, von Nöten sein, bis der erste Strom nach Europa fließt. Dementsprechend haben die an dem Projekt beteiligten Parteien bereits signalisiert, dass es ohne die Unterstützung der Politik, was ultimativ auch finanzielle Hilfen beinhaltet, nicht möglich sein wird das Vorhaben zu verwirklichen. Da ist es auch wenig hilfreich, dass die Europäische Union mit Nachdruck bemüht ist, eine energiepolitisch einheitliche Linie für die gesamte Gemeinschaft zu verwirklichen. Europa ist im Moment hinsichtlich einer gemeinsamen Energiepolitik einfach zu zerrüttet, und die jeweiligen Nationalinteressen zu verschieden, um die notwendige Unterstützung für DESERTEC garantieren zu können. Diese Kleinstaaterei lässt sich, lapidar gesagt, mit der simplen Tatsache begründen, dass fossile Energieträger aktuell einfach noch konkurrenzlos günstig verfügbar sind. Die unmittelbare Wettbewerbsfähigkeit erneuerbarer Energien im Allgemeinen, welche die hierfür benötigten Investitionen aus ökonomischer Perspektive sofort rechtfertigen würde, wird erst dann gegeben sein, wenn der Preis fossiler Energieträger um ein Vielfaches über dem heutigen liegt. Es würde somit nicht verwundern, wenn sich die Erwartungen auf einen fundamentalen Durchbruch in der Energieversorgung vorerst wieder einmal nicht erfüllen würden.

7. Anhang

ABB Elektrotechnik, Schweiz	**ABENGOA** Solarenergie, Spanien	**ce₊ital** Lebensmittel, Algerien
DESERTEC Stiftung, Deutschland	**Deutsche Bank** Finanzdienstleister, Deutschland	**Enel** L'ENERGIA CHE TI ASCOLTA. Energieversorger, Italien
e·on Energie Energieversorgung, Deutschland	**FLAGSOL** Solar Millennium Group Solartechnik, Deutschland	**HSH NORDBANK** Finanzdienstleister, Deutschland
Munich RE Versicherungswesen, Deutschland	**M+W GROUP** Anlagenbau, Deutschland	**NAREVA** Holding Energieversorger, Marokko
RED ELÉCTRICA DE ESPAÑA Netzbetreiber, Spanien	**RWE** The energy to lead Energieversorger, Deutschland	**SAINT-GOBAIN SOLAR** Solartechnik, Frankreich
SCHOTT solar Solartechnik, Deutschland	**SIEMENS** Energie- und Kraftwerkstechnik, Deutschland	**Terna** Netzbetreiber, Italien

Anhang 1: Stimmberechtigte Gesellschafter der Dii (Dii, 2010)

8. Literaturverzeichnis

AFP. (2009). Woher das Gas kommt. *DER TAGESSPIEGEL* .

Agentur für Erneuerbare Energien. (November 2007). *Erneuerbare Energien machen uns unabhängig von Energieimporten.* Abgerufen am 5. November 2010 von http://www.unendlich-viel-energie.de/uploads/media/EE_machen_uns_unabhaengig_von_Energieimporten.pdf

Allianz Global Corporate & Specialty. (6. Mai 2010). *Wetterfest oder seekrank? Erneuerbare Energie Offshore.* Abgerufen am 5. November 2010 von https://www.allianz.com/de/presse/news/geschaeftsfelder_news/versichern/news_2010-05-06.html

BSW - Bundesverband Solarwirtschaft e.V. (kein Datum). *Das Solarzeitalter kommt.* Abgerufen am 7. November 2010 von http://www.solarbusiness.de/fakten/

Bundesumweltministerium (BMU). (7. Juni 2005). *Einspeisesysteme in Deutschland und Spanien ein Vergleich.* Abgerufen am 3. November 2010 von http://www.erneuerbare-energien.de/files/erneuerbare_energien/downloads/application/pdf/kurzgutachten_einspeisesysteme.pdf

Cohen, S. B. (2003). *Geopolitics of the world system* . Oxford: Rowman & Littlefield Publishers, Inc.

Comprehensive Assessment of Water Management in Agriculture. (2006). *'Insights' from the Comprehensive Assessment of Water Management in Agriculture.* Colombo.

DESERTEC Foundation. (3. November 2010). *DESERTEC UNIVERSITY NETWORK GEGRÜNDET.* Abgerufen am 12. November 2010 von http://www.desertec.org/de/presse/pressemitteilungen/101103-01-desertec-university-network-gegruendet-internationale-wissenschaftskooperation-fuer-wuestenstrom/

DESERTEC Foundation. (2009). *FRAGEN UND ANTWORTEN ZU DESERTEC.* Abgerufen am 1. Dezember 2010 von http://www.desertec.org/de/konzept/fragen-antworten/

DESERTEC Foundation. (30. Oktober 2009). *PRESSEMITTEILUNG - Gemeinschaftsunternehmen DII nimmt Arbeit auf.* Abgerufen am 2010. November 2010 von http://www.desertec.org/de/presse/pressemitteilungen/091030-1-gruendung-der-dii-gmbh/

DESERTEC Foundation. (2010). *RED PAPER - DAS DESERTEC KONZEPT IM ÜBERBLICK*. Abgerufen am 22. November 2010 von http://www.desertec.org/downloads/summary_de.pdf

DESERTEC Foundation. (kein Datum). *Supergrid für EUMENA*. Abgerufen am 10. November 2010 von http://www.schott.com/magazine/german/sol209/sol209_05_eumena.html

DESERTEC Foundation. (2009). *UNSERE GLOBALE MISSION*. Abgerufen am 17. November 2010 von http://www.desertec.org/de/globale-mission/

Deutsche Energie-Agentur GmbH (dena). (2010). *Solarthermische Kraftwerke in Kalifornien, Nevada und Deutschland*. Abgerufen am 5. November 2010 von http://www.thema-energie.de/energie-erzeugen/erneuerbare-energien/solarthermische-kraftwerke/projekte-weltweit/solarthermische-kraftwerke-in-kalifornien-nevada-und-deutschland.html

Deutsche Gesellschaft CLUB OF ROME. (kein Datum). *Der Club of Rome*. Abgerufen am 12. November 2010 von http://www.clubofrome.de/

Dii. (2010). *Our Mission*. Abgerufen am 17. November 2010 von http://www.dii-eumena.com/home/our-mission.html

Dii. (Oktober 2010). *Our Shareholders*. Abgerufen am 12. November 2010 von http://www.dii-eumena.com/home/our-shareholders.html

DIRECTIVE 2009/28/EC OF THE EUROPEAN PARLIAMENT AND OF THE COUNCIL. (5. Juni 2009). *Official Journal of the European Union* , S. 16-62.

DLR. (6. Mai 2010). *DESERTEC: Solarstrom aus der Wüste*. Abgerufen am 17. November 2010 von http://www.dlr.de/desktopdefault.aspx/tabid-5885/9548_read-18787/

DLR. (26. Oktober 2010). *Solar-Atlas für den Mittelmeerraum: Wo lohnt sich der Bau von Solarkraftwerken?* Abgerufen am 1. November 2010 von http://www.dlr.de/desktopdefault.aspx/tabid-344/1345_read-27289/

DLR. (23. Juni 2006). *TRANS-CSP Full Report Final*. Abgerufen am 3. November 2010 von http://www.dlr.de/tt/en/desktopdefault.aspx/tabid-2885/4422_read-6586/

DLR. (2006). *Trans-Mediterraner Solarstromverbund - Zusammenfassung.* Stuttgart.

Doenitz, P. D.-D. (November 2009). Argumente der Ewiggestrigen. *Spektrum der Wissenschaft* , S. 25.

EurAktiv.de. (6. September 2010). *Wie europäisch ist das Energiekonzept 2050?* Abgerufen am 3. November 2010 von http://www.euractiv.de/energie-klima-und-umwelt/artikel/wie-europaisch-ist-das-energiekonzept-2050-003591

Grassl, H., Knies, G., Trieb, F., & Müller-Steinhagen, H. (2007). *CLEAN POWER FROM DESERTS.* Hamburg.

Herminghaus, H. (1. September 2010). *Entwicklung des Energieverbrauchs und Stromverbrauchs.* Abgerufen am 27. November 2010 von http://www.umweltbewusst-heizen.de/Heizungsvergleich/Energieverbrauch/Haushalt/Strom/Energieverbrauch-Stromverbrauch-Deutschland.html

Hirschhausen, C. v. (2010). *Developing a Super Grid: Conceptual Issues, Selected Examples, and a Case Study for the EEA-MENA Region by 2050 (Desertec).* Dresden.

Hobohm, J., & Westphal, K. (17. Dezember 2009). *Strom aus der Wüste - technisch-wirtschaftlich und politisch-regulative Herausfordeurngen.* Abgerufen am 5. November 2010 von http://www.swp-berlin.org/common/get_document.php?asset_id=6663

Hollain, V. (Januar 2009). Kraftwerke in der Wüste - Ein Luftschloss auf Sand gebaut. *SOLARZEITALTER* , S. 74-77.

Hug, R. (15. Februar 2007). *Solarstrom aus der Wüste statt Wüste in Deutschland: Erneuerbare Energien im transeuropäischen Verbund.* Abgerufen am 3. November 2010 von http://www.solarserver.de/solarmagazin/solar-report_0207.html

Landesamt für Natur, Umwelt und Verbraucherschutz Nordrhein-Westfalen. (2009). *Primärenergieverbrauch.* Abgerufen am 7. November 2010 von http://www.lanuv.nrw.de/umweltindikatoren-nrw/index.php?indikator=5&mode=indi

Le Monde diplomatique. (2009). *Atlas der Globalisierung.* Berlin: taz Verlag.

Mackie, A. (1. Juni 2010). *MENA Powering up – Energy demand to double by 2030.* Abgerufen am 27. November 2010 von http://www.english.globalarabnetwork.com/201006106074/Energy/mena-powering-up-energy-demand-to-double-by-2030.html

Moglestue, A. (April 2009). New power under the sun. *ABB Review* , S. 16-21.

Mohanty, A., & Richter, K.-S. (20. Oktober 2010). Desertec Decoded: Interview with DESERTEC Foundation and Dii. (A. Breyer, Interviewer)

Müller, B. (September 2009). Erde 3.0 Die Zukunft der Energieversorgung - Strom aus der Wüste. *Spektrum der Wissenschaft* , S. 81-83.

Müller-Steinhagen, H. (9. August 2010). „Wir sind schon weiter als gedacht". (W. Müller, Interviewer)

Reibach & Partner Aktiengesellschaft. (2008). *Solarthermie.* Abgerufen am 5. November 2010 von http://www.photovoltaik-vergleich.com/Solarthermie/

Rüschen, D. T. (19. Oktober 2010). *Das Desertec Projekt - Von der Vision zur Realität.* Abgerufen am 22. November 2010 von http://www.banking-on-green.com/docs/Desertec_ext_slides_October2010_deutsch.pdf

Scheer, H. (Januar 2009). Die Sahara-Sonne: Für wen und für was? *SOLARZEITALTER* , S. 1-2.

Schenke, G. (5. Februar 2010). *Photovoltaik und Solartechnik.* Abgerufen am 5. November 2010 von http://www.et-inf.fho-emden.de/~elmalab/PV_Solar/download/PV_Solar_6.pdf

Scholvin, S. (November 2009). Desertec: Wirtschaftliche Dynamik und politische Stabilität durch Solarkraft? *GIGA German Institute of Global and Area Studies - GIGA Focus* , S. 1-8.

Seiser, M. (2010). Energie für die Zukunft - Kraftwerksbau im Hochgebirge. *Frankfurter Allgemeine Zeitung* .

Seitz, B. (3. Januar 2010). *Desertec. Solarthermische Energie als gemeinsame Energiepolitische Strategie für Europa, Nordafrika und den Nahen Osten?* Abgerufen am 1. November 2010 von http://othes.univie.ac.at/8291/

solarserver.de. (2. November 2010). *Algerien will Strombedarf zunehmend aus erneuerbaren Energiequellen decken; Neues Solar-Hybridkraftwerk soll bis Jahresende ans Netz, eigene Photovoltaik-Modulproduktion geplant.* Abgerufen am 8. November 2010 von http://www.solarserver.de/solar-magazin/nachrichten/aktuelles/kw44/algerien-will-strombedarf-zunehmend-aus-erneuerbaren-energiequellen-decken-neues-solar-hybridkraftwerk-soll-bis-jahresende-ans-netz-eigene-photovoltaik-modulproduktion-geplant.html

Son, P. v. (kein Datum). *We are preparing for a new solar energy era.* (Dii, Interviewer)

Thomé-Kozmiensky, K. J. (2009). *Erneuerbare Energien - Band 1 Perspektiven und Strategien Rechtliche und wirtschaftliche Aspekte.* Neuruppin: TK Verlag.

Werner, K. (11. Oktober 2010). *Lernen für Desertec.* Abgerufen am 4. November 2010 von http://www.boerse-online.de/aktie/:RWE--Lernen-fuer-Desertec/617199.html

Wolz, L. (29. August 2009). *stern.de.* Abgerufen am 12. November 2010 von http://www.stern.de/wissen/technik/desertec-erfinder-gerhard-knies-der-wuestenstrom-pionier-1504436.html

Wragge, A. (17. August 2010). *Stromnetze - EU-Staaten verfehlen Ausbauziele.* Abgerufen am 3. November 2010 von http://www.euractiv.de/innovation-und-infrastruktur/artikel/energienetze---eu-staaten-verfehlen-ausbauziele-003510

Zacharias, J. (2010). *Die Vision vom Wüstenstrom.* München: AVM.

Ziegeldorf, H. (13. Juli 2009). *DESERTEC (Wüstenstrom).* Abgerufen am 2. November 2010 von http://www.agenda21-treffpunkt.de/lexikon/DESERTEC.htm

BEI GRIN MACHT SICH IHR WISSEN BEZAHLT

- Wir veröffentlichen Ihre Hausarbeit,
  Bachelor- und Masterarbeit

- Ihr eigenes eBook und Buch -
  weltweit in allen wichtigen Shops

- Verdienen Sie an jedem Verkauf

Jetzt bei www.GRIN.com hochladen
und kostenlos publizieren